总体国家安全观普及丛书

GUOJIA TAIKONG ANQUAN ZHISHI BAIWEN

国家太空安全知识

本书编写组

人民出版社

前　言

　　习近平总书记提出的总体国家安全观立意高远、思想深刻、内涵丰富，既见之于习近平总书记关于国家安全的一系列重要论述，也体现在党的十八大以来国家安全领域的具体实践。总体国家安全观的关键是"总体"，强调"大安全"理念，涵盖政治、军事、国土、经济、文化、社会、科技、网络、生态、资源、核、海外利益、太空、深海、极地、生物等诸多领域，而且将随着社会发展不断拓展。党的二十大报告指出，必须坚定不移贯彻总体国家安全观，把维护国家安全贯穿党和国家工作各方面全过程；提高各级领导干部统筹发展和安全能力，增强全民国家安全意识和素养。二十届中央国家安全委员会第一次会议，审议通过了《关于全面加强国家安全教育的意见》。为推动学习贯彻总体国家安全观走深走实，在第一个全民国家安全教育日到来之际，中央有关部门在组织编写科技、文化、金融、生物、生态、核、数据、海外利益、人工智能、经济、深海、极地等重点领域国家安全普及读本基础上，又组织编写了第五批国家安全普及读本，涵盖社会安全、网络安全、太空安全 3 个领域。

读本采取知识普及与重点讲解相结合的形式，内容准确权威、简明扼要、务实管用。读本始终聚焦总体国家安全观，准确把握党中央最新精神，全面反映国家安全形势新变化，紧贴重点领域国家安全工作实际，并兼顾实用性与可读性，插配了图片、图示和视频、资料二维码，对于普及总体国家安全观教育和提高公民"大安全"意识，很有帮助。

总体国家安全观普及读本编委会

2025 年 4 月

C目录
ONTENTS

篇　一

★　**全面理解国家太空安全**　★

篇 二

★ 科学认识太空自然环境 ★

篇 三

★ 准确把握太空活动要求 ★

篇 四

★ **不断提高进出太空能力** ★

篇　五

★　积极推进探索利用太空　★

目　录

篇　六

★　深度参与国际外空治理　★

篇一

全面理解国家太空安全

什么是国家太空安全?

国家太空安全是指国家坚持和平探索和利用太空，享有进出、探索、利用太空的自由，增强安全进出、科学探索、开发利用的能力，太空资产安全运行，开展太空活动的环境和资源不受损害，太空科技工业基础自主可控、可持续发展，太空国际地位与国家综合国力相称。太空安全作为我国国家安全的重要组成部分，写入了《中华人民共和国国家安全法》。

❯ 重要论述

党的二十大报告强调，健全国家安全体系。坚持党中央对国家安全工作的集中统一领导，完善高效权威的国家安全领导体制。强化国家安全工作协调机制，完善国家安全法治体系、战略体系、政策体系、风险监测预警体系、国家应急管理体系，完善重点领域安全保障体系和重要专项协调指挥体系，强化经济、重大基础设施、金融、网络、数据、生物、资源、核、太空、海洋等安全保障体系建设。

 如何理解太空安全与国家安全的关系？

国家安全是政治、军事、国土、经济、文化、社会、科技、网络、生态、资源、核、海外利益、太空、深海、极地、生物等领域安全的有机统一。太空安全是国家安全的重要组成部分，与国家安全是部分和整体的关系，二者相互依存。由于太空位置高远、地位重要等特点，太空安全关乎国家其他领域安全；同时，国家其他领域安全也是维护太空安全的重要保障。

太空安全主要涉及哪些方面？

太空安全主要涉及太空活动安全、太空资产安全、太空基础设施安全、太空信息数据安全等方面。随着我国航天技术的快速发展与运用，太空安全的广度和深度不断拓展，航天遥感、卫星通信、卫星导航等已成为支撑国家经济社会发展的重要因素，太空旅行、载人航天、深空探测、星际探索等已成为推动国家科技发展与社会进步的重要引擎，攸关国家经济安全、科技安全、军事安全、网络安全等。

当前太空安全面临的风险有哪些？

太空安全风险一般分为环境风险和活动风险。前者主要包括太空环境中高能带电粒子和电磁辐射等造成的航天器故障风险、电离层扰动造成的天地通信干扰风险、空间碎片高速飞行造成的航天器碰撞风险、近地小行星撞击地球带来的人类毁灭风险等；后者主要包括实施航天发射进出太空、卫星在轨运行控制、航天器返回地球等太空活动中，可能面临的火箭意外爆炸、卫星突发故障异常、频率冲突或通信受扰、卫星交会碰撞、航天器返回失控等风险。随着人类开发太空速度加快，空间碎片数量激增、频轨资源日益紧张以及太空军事化竞争加剧等，也会造成太空安全风险加剧趋势。

新形势下如何更好地维护国家太空安全？

当前世界范围内太空正处于高速发展的关键时期，对维护国家太空安全提出了更高的要求。维护国家太空安全，要坚持以习近平新时代中国特色社会主义思想为指导，聚焦航天强国战略目标，深刻认识和准确把握太空领域发展形势和未来趋势，坚持底线思维，增强忧患意识，统筹谋划，多域联动，从理论、技术、装备、人才、法律、机制、国际合作等入手，全面提升太空安全能力建设水平。

6 维护国家太空安全与建设航天强国是什么关系？

习近平总书记指出，探索浩瀚宇宙，发展航天事业，建设航天强国，是我们不懈追求的航天梦。党的二十大作出"加快建设航天强国"战略部署。安全是发展的前提，发展是安全的保障。建设航天强国要坚持发展与安全并重，维护太空安全是建设航天强国的题中之义和基本保障。维护太空安全要着眼中国特色社会主义事业发展全局，统筹国内国际两个大局，坚持维护国家主权、安全、发展利益相统一，维护太空权益和提升综合国力相匹配，扎实推进航天强国建设。建设航天强国又为维护太空安全提供必要的战略支撑。先进的太空综合实力和发展水平，科学探索太空、自由进出太空、高效利用太空、有效治理太空等能力，都可转化为维护太空安全的措施手段。

航天强国　勇毅前行

太空安全与其他领域安全有什么关系？

　　当前，太空活动已融入国家经济社会运行的多个领域，太空安全与其他领域安全相互交织、密不可分。卫星遥感系统时刻监视国土全境、周边及海外热点地区，能够及时发现威胁、发出预警，全面服务防灾减灾、农业农村、自然资源、环境保护、交通运输、气象海洋、统计普查等领域，是维护政治、军事、国土、经济、文化、社会、科技、网络、生态、资源、核和海外利益等领域安全的"千里眼"。卫星通信中继系统覆盖全球、联通迅捷，能够实现万物互联、时刻在线，是维护经济、信息、社会等领域安全的"顺风耳"。卫星导航系统不间断播发导航信息，是金融、电力、交通等关系国计民生的各类行业信息装备运行的时空"基准尺"。此外，航天产业发展要依赖政治、经济、科技等领域安全，特别是航天发射场、测控网等地面设施稳定运行也要依赖国土、信息、网络等领域安全。

 太空安全体系主要包括哪些内容？

太空蕴含着巨大的战略价值，关乎国家安全、战略利益和长远发展。为保证太空系统的安全运行，世界主要航天国家都积极构建综合的太空安全体系，主要包括天地一体的太空态势感知系统、多维一体的太空安全防护系统、自主智能的太空安全运行系统以及太空安全防护仿真与试验系统等。

《2021 中国的航天》白皮书主要包括哪些内容？

　　2022 年 1 月 28 日，国务院新闻办公室正式发布《2021 中国的航天》白皮书，这是继 2000、2006、2011 和 2016 航天白皮书后发布的第五部航天白皮书。《2021 中国的航天》白皮书总结了 2016 年以来中国航天创新发展取得的举世瞩目的辉煌成就，规划了未来五年中国航天发展格局，提出，未来五年，中国航天将立足新发展阶段，贯彻新发展理念，构建新发展格局，按照高质量发展要求，推动空间科学、空间技术、空间应用全面发展，开启全面建设航天强国新征程，为服务国家发展大局、在外空领域推动构建人类命运共同体、促进人类文明进步作出更大贡献。

《2021中国的航天》白皮书

我国制定了哪些与太空安全相关的法律法规?

　　我国制定了诸多与太空安全相关的法律法规,是我国航天事业健康发展的重要保障。《中华人民共和国国家安全法》第三十二条明确规定了维护太空安全的重要性,强调国家坚持和平探索和利用外层空间,增强安全进出、科学考察、开发利用的能力,加强国际合作,维护我国在外层空间的活动、资产和其他利益的安全。《空间物体登记管理办法》《民用航天发射项目许可证管理暂行办法》《空间碎片减缓与防护管理办法》等规章,对空间项目的许可、空间碎片的减缓与防护等方面作出了具体规定。

新时代中国航天取得了哪些主要成就？

党的十八大以来，中国航天进入创新发展"快车道"，取得了举世瞩目的辉煌成就。空间基础设施建设稳步推进，北斗全球卫星导航系统建成开通，高分辨率对地观测系统基本建成，卫星通信广播服务能力稳步增强，卫星应用产业规模逐年增长，成为政府决策、经济建设、社会发展和国防建设的重要支撑。探月工程"三步走"圆满收官，嫦娥六号首次月背采样。"神舟"家族太空接力，中国空间站全面建成，我们的"太空之家"遨游苍穹。"祝融"探火，"羲和"逐日，"慧眼"直接测量到迄今宇宙最强磁场，逐步实现从地月系到行星际探测的跨越……未来，中国人探索太空的脚步将迈得更稳更远。

中国航天实现历史性高质量跨越式发展

中国航天精神包括哪些内容？

　　中国航天精神是中国航天事业在长期的奋斗历程中积淀形成的中华民族宝贵的精神财富。"热爱祖国、无私奉献，自力更生、艰苦奋斗，大力协同、勇于登攀"的"两弹一星"精神，"特别能吃苦、特别能战斗、特别能攻关、特别能奉献"的载人航天精神，"追逐梦想、勇于探索、协同攻坚、合作共赢"的探月精神，"自主创新、开放融合、万众一心、追求卓越"的新时代北斗精神等，共同构成了中国航天精神的丰富内涵，不仅激励着航天人不断攀登科技高峰，也激励着全国人民为实现中华民族伟大复兴的中国梦而努力奋斗。

中国航天日：传承航天精神　讲好航天故事

13 我国开展了哪些太空安全宣传教育工作？

　　我国开展了广泛而丰富的太空安全宣传教育工作。教育部《大中小学国家安全教育指导纲要》明确将太空安全纳入国家安全教育内容，强调了太空安全的重要性、基本内涵、面临的威胁与挑战以及维护途径与方法。每年的"全民国家安全教育日""中国航天日"等活动期间，全国开展航天展览、科普讲座等特色鲜明的宣传活动，在全社会形成弘扬科学精神、热爱航天事业、维护太空安全的浓厚氛围。

教育部：太空深海等4领域纳入国家安全教育，拓展4个新型领域安全教育

"中国航天日"标识

篇二

科学认识太空自然环境

14 什么是太空?

太空是指地球大气层以外的空间区域，包括所有的宇宙空间，也称"外层空间""外太空""外空"，有时也称"空间"。太空是一个广阔的、无边界的区域，其中包含了太阳系、银河系以及其他星系中的所有天体，如恒星、行星、卫星、小行星、彗星等。

> **延伸阅读**

在探讨地球大气层以外的宇宙空间时，可以根据语境和使用场合选择适当的词汇。比如，"外空""外层空间"在法律和国际关系文本中较为常见，特别是在国际法学界、外交部门等涉及外层空间条约和国际法的场合；新闻传媒、国际关系学界和日常口语一般使用"太空"；航天科技部门一般使用"空间"。

15 太空自然环境有哪些特点？

　　太空自然环境具有高真空、微重力、超温度、强辐射等特点。太空中几乎没有空气，因此是接近真空的状态；由于地球和其他天体的引力作用，太空中的物体会经历微重力或失重状态；太阳直射区域的温度可以非常高，而在阴影区域，温度可能会降至接近绝对零度；太空中的宇宙射线和太阳辐射，威胁航天器

太空环境示意图

和航天员安全。另外，太空中还有高速运动的宇宙尘埃、微流星体等，容易对航天器造成损害。

16　太空是如何划分区域的？

太空区域的划分方法有多种，通常认为，按相对于地球的位置，太空可划分为五个空间区域，包括地球空间、地月空间、行星际空间、恒星际空间、星系际空间。地球空间，以地球磁层为界，最远大约7万公里；地月空间，以地球引力为界，从7万公里至150万公里；行星际空间，以太阳风带电粒子流为标准，大约1个天文单位，离地球约1.5亿公里；恒星际空间，以两颗恒星的距离为标准，大约180亿公里；星系际空间，以两个星系的距离为标准，银河系与大麦哲伦星系的星系际空间大约16万光年。

太空自然环境对人类活动有哪些影响？

太空高真空环境中，航天器会受到压力差效应、真空放电效应、真空出气效应等影响。面对太空极端温度环境，空间站等载人航天器必须保证适宜的温度环境，以维持航天员的身体健康和工作效率。在微重力状态下，人体骨骼和肌肉会发生退行性变化，心血管系统也会受到影响，要求航天员进行特殊的锻炼以保持健康。太空中的辐射可对生物体造成损伤，出现功能下降的现象。空间碎片和微流星体以极高的速度撞击航天器，会对航天器和执行任务的航天员构成摧毁、贯穿等重大危害。

> **延伸阅读**

太空环境也称为空间环境，是指影响人类活动的、距地面几十公里以上直至太阳的广阔空间内的环境，涵盖的区域包括高层大气、电离层、磁层、行星际空间以及太阳活动区。经长期研究发现，对各类航天活动产生影响的太空自然环境主要包括真空环境、中性粒子环境、等离子体环境、辐射环境、微流星体环境、太阳爆发下的太空灾害以及协同环境效应等。

太空有哪些可以开发利用的资源？

太空是一个巨大的资源"宝库"。太空资源的开发与利用是人类可持续发展的重要支撑。地球同步轨道和近地轨道等轨道资源，是卫星通信、导航定位和空间环境探测的重要基础，具有极高的国家战略地位和经济价值。月球、火星和小行星等天体上蕴藏着丰富的稀土元素、稀有金属以及水资源。太空中的太阳能电池板无大气层阻隔，接受太阳光的强度是地球上的 8—10 倍，且更加清洁。类木行星和彗星上有丰富的氢能资源，这些资源在未来可能成为重要的能源来源。

我们如何利用太空资源？

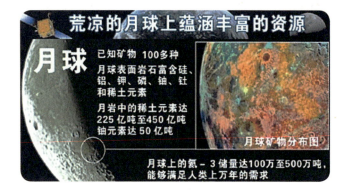

月球资源示意图

19 影响太空环境的主要因素有哪些？

影响太空环境的主要因素涉及自然环境、人为因素以及其他多个方面。比如，太空自然环境中的太空垃圾，不仅可能导致航天器损坏或失效，还可能产生更多的碎片，进一步加剧太空环境问题；流星体、小行星等以高速穿越太空，有可能与航天器发生碰撞，造成损坏或任务失败；宇宙射线是高能粒子流，对航天器和航天员构成潜在威胁，可能导致设备故障或健康风险。太空利益争夺、太空军事利用、太空信息系统攻击等人为因素，可能导致太空冲突或安全事故。此外，太空核污染、化学污染、生物污染等，也可能对太空环境和地球环境造成长期影响。维护太空安全，需要各国共同努力，加强太空环境治理以及太空国际合作等方面的工作。

 什么是太阳风暴？

太阳风暴是指太阳上的剧烈爆发活动及其在日地空间引发的一系列强烈扰动，是对太阳强烈扰动的形象和通俗性的说法，主要包括太阳的剧烈活动（如太阳耀斑、日冕物质抛射等）、全波段电磁辐射、高能带电粒子和太阳风等离子体的剧烈扰动，具有周期性、突发性和地域性等特点。当太阳风暴向地球空间吹来时，常可观测到行星际激波、质子事件、磁层粒子暴、地磁暴、电离层骚扰、电离层暴、中高层大气扰动和极光等重要空间天气现象。

神奇的太阳风暴

21 什么是范艾伦带？

范艾伦带，由美国物理学家詹姆斯·范艾伦于1958年发现并以他的名字命名，指在地球附近的近层宇宙空间中包围着地球的高能粒子辐射带，主要由地磁场中捕获的高达几兆电子伏的电子以及高达几百兆电子伏的质子组成。范艾伦带分为内外两层，内外层之间存在范艾伦带缝，缝中辐射很少。范艾伦带将地球包围在中间。范艾伦带内的高能粒子对载人空间飞行器、卫星等都有一定危害，其内外带之间的缝隙则是辐射较少的安全地带。

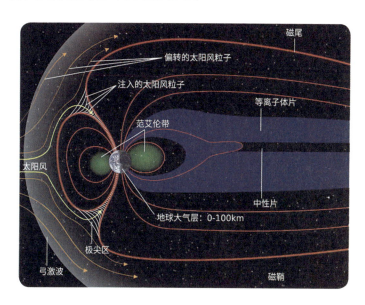

范艾伦带示意图

什么是电离层?

　　电离层是地球大气的一个电离区域,是受太阳高能辐射以及宇宙线的影响而电离的高层大气。电离层从离地面约 50 公里开始一直伸展到约 1000 公里高度的地球高层大气空域,其中存在相当多的自由电子和离子,能使无线电波改变传播速度,发生折射、反射和散射,产生极化面的旋转并受到不同程度的吸收。电离层按照电子密度随高度的变化又分为 D 层、E 层和 F 层,同时还会随着太阳活动、地球磁场等因素的变化而呈现出复杂的形态变化。电离层对无线电通信、无线电导航、雷达定位等有很重要的影响。

23 什么是拉格朗日点？

拉格朗日点是 18 世纪由法国数学家约瑟夫·路易斯·拉格朗日在天体力学中研究限制性三体问题时发现的，是指宇宙中两个大质量天体之间的一些特殊位置。如果在这些位置上放置一个小质量的物体，如人造卫星，那它就可以保持相对于两个大天体静止不动的状态，不会被引力或离心力甩出去。这些特殊的位置，就像宇宙中的神秘平衡点，一共有 5 个，分别用 L1、L2、L3、L4 和 L5 来表示。比如在地球和太阳组成的系统中，L1 点就在地球和太阳连线上，且

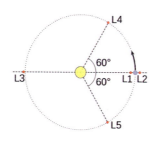

拉格朗日点示意图

在地球和太阳之间；L2 点在连线的延长线上，但它
在地球的外侧；L3 点同样在连线的延长线上，但方
向与 L1 点和 L2 点相反；而 L4 点和 L5 点位于地球
绕太阳运行的轨道平面上。

拉格朗日点：空间探测的有利位置

24 什么是"黑障"效应？

"黑障"效应是指航天器在返回地球大气层时，
由于与大气剧烈摩擦产生高温，使航天器周围的气体
和被烧蚀的防热材料发生电离，形成等离子体鞘套。
这层等离子体鞘套会吸收和反射电磁波，导致航天器
与地面的通信中断，就像被黑色的屏障遮挡一样，这
种现象就是"黑障"效应。中国科学家在解决"黑
障"问题上取得了突破性进展，通过提高信号频率和

功率，使用毫米波和激光技术相结合，成功穿透等离子体屏蔽，实现了持续稳定的通信状态。

航天器与大气层发生摩擦示意图

"黑障区"测量跟踪取得重大突破：连续
跟踪测量　接力神舟十五号返回

 什么是微流星体？

　　微流星体是太空中自然存在的微小固体颗粒。从来源上看，它们主要产生于彗星内部尘埃颗粒和小行星互相碰撞碎屑；从大小来说，其尺寸通常小于 1mm，广泛分布于太阳系内的行星际空间，在黄道平面附近相对密集；从组成成分看，主要包含橄榄石、辉石等硅酸盐矿物，这些成分和地球岩石有相似之处，通过分析微流星体的成分，能为研究太阳系的起源和演化提供线索。微流星体撞击航天器可能导致轨道偏离、性能下降、结构破坏甚至航天器失效。

微流星体示意图

26　近地小行星有什么危害？

　　近地小行星的危害主要体现在与地球直接撞击、天文观测干扰、航天器撞击损坏等方面。低烈度撞击可形成火流星（5m 直径）、超级火流星（10m 直径）、空爆（25m 直径）等现象；中等烈度撞击可对城市造成毁灭性打击（50m 直径），甚至对一个地区和国家造成灾难（140m 直径）；高烈度撞击（300m 直径以上）

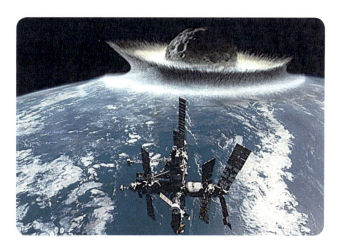

近地小行星撞击地球示意图

可能会对整个大陆、全球造成影响，引发气候剧变，破坏生物多样性，甚至导致物种灭绝。航天器受到近地小行星撞击，易发生轨道偏转、产生碎片甚至摧毁失效等更严重的影响。

我国将着手组建近地小行星防御系统

27 太空是真空的吗？

真空定义为完全没有物质的空间。太空是一个非常接近真空的环境，但并不是完全的真空，仍有少量的物质存在。其中包含了各种气体分子，如氢气和氦气，只是这些气体的密度极其稀薄，远远低于地球上的大气密度；还有数量众多的尘埃颗粒，这些尘埃在宇宙广泛分布着。此外，由于恒星爆发等宇宙活动产生的宇宙射线、高能粒子也在太空中穿梭，比如质子、电子等。所以，太空只是近似于真空状态。

太空环境示意图

 太阳活动的主要规律有哪些？

太阳活动是指太阳以及太阳大气层里一切活动现
象的总称，既有自转的规律性，又有湍流的随机性，
由太阳大气中的电磁过程引起，主要有太阳黑子、谱
斑、耀斑、日珥和日冕物质抛射事件等。太阳活动时
烈时弱，平均具有 11 年的活动周期。处于活动剧烈
期的太阳（称为"扰动太阳"），辐射出大量紫外线、

X射线、粒子流和强射电波，因而往往引起地球上极光、磁暴和电离层扰动等现象。

空间碎片及其危害是什么？

　　空间碎片是指在轨道上或者再入地球大气层的所有无功能的人造空间物体，包括它们的组件和碎块。空间碎片的危害主要体现在航天器、航天员、地球等方面。低烈度危害可能导致航天器表面性能改变、出现撞击坑和表面器件损伤；中等烈度危害可能导致航

物理碰撞产生空间碎片示意图

天器功能失效、姿态变化，甚至轨道改变；高烈度危
害会使得航天器表面气化为等离子体云，破坏其内部
结构，甚至导致航天器爆炸、解体，彻底失效。此
外，坠落地球未完全烧毁的空间碎片还会危害人们的
生命财产安全。

直击"太空杀手"空间碎片：上亿碎片绕
地球 安全威胁成常态

30 如何监测太空自然环境？

太空自然环境监测主要通过天基监测系统和地基
监测系统来实现。天基监测系统主要通过地球静止轨
道卫星、极轨卫星、空间站等航天器，搭载辐射探测
器、光学传感器、等离子体探测器等载荷，实现对太
空中辐射、微流星体、太阳风、磁场变化等各种自然
因素的监测；地基监测系统主要通过光学成像数据的

分析，获得相关太空自然环境信息，以及通过雷达监测系统可发射强大的电磁波束，通过回波分析探测太空环境。

 我国太空环境监测力量主要有哪些?

　　我国太空环境监测力量主要有中国国家航天局空间碎片监测与应用中心、中国科学院国家空间科学中心空间环境预报中心（国际空间环境服务组织中国区域警报中心）、中国气象局国家空间天气监测预警中心，包括地基监测系统、天基监测系统、空间碎片探测系统、载人航天空间环境监测系统等。代表性的天基监测系统以"羲和号""夸父一号"卫星等为主；地基监测系统如子午工程，是中国空间科学领域首个国家重大科技基础设施，旨在建设一个综合性的地基空间环境监测系统科研机构和技术平台，可实现对日地空间环境全圈层、多要素综合的立体式探测。

"羲和号"卫星

子午工程二期圆环阵太阳射电望远镜

篇三

准确把握太空活动要求

人类的太空活动主要包括哪些？

人类的太空活动包括太空探索、太空科学研究、太空制造、太空旅游、太空通信、太空气象、太空教育等。太空探索是人类利用科学技术对地球大气层之外的宇宙区域进行研究、观测和探索的活动，包括人类登月、航天飞行、星际探索等。太空科学研究是指在太空中进行的各种科学研究，例如，对太阳活动、宇宙射线、磁场等现象的观测和研究。太空制造是在地球大气层之外的环境中进行制造和加工有关材料的活动，其核心是利用太空环境的独特条件，如微重力、真空、超高洁净度等，来克服传统制造方法在地球上的局限。太空旅游是指人们前往太空进行观光和探险活动，通过太空旅游可以观赏太空风光，同时还可以感受失重，这两种体验是太空独有的。太空通信是指利用卫星等太空技术进行通信的活动，太空通信可以提供更广泛的覆盖范围和更高的通信速度。太空气象是指对地球和其他星球的天气和气候进行观测和预测的活动，太空气象可以提供更准确的天气预报和气候预测。太空教育可以帮助人们了解宇宙和地球，提高科学素质和科学意识。

33 开展太空活动需要遵循哪些基本原则？

太空是全球公域。开展太空活动应遵循共同利益、自由探索和利用、不得据为己有、和平利用、救援航天员、外空物体登记和管辖、国家监管责任、保护空间环境、国际合作等基本原则，应为全体人类谋取福祉和利益，应在国际法的基础上自由探索和利用太空，应采取适当措施避免使太空环境遭受破坏，或使地球环境受到不利的影响。

34 人造卫星的分类及其特点是什么？

　　卫星是指围绕一颗行星轨道并按闭合轨道做周期性运行的天然天体。人造卫星是由人类建造，以太空飞行载具如火箭、航天飞机等发射到太空中，像天然卫星一样环绕地球或其他行星的装置。人造卫星一般亦可称为卫星，有多种分类方法。按用途可以分为科学卫星、应用卫星和技术试验卫星。科学卫星用于科学研究和太空探索，根据其用途不同，可搭载多样化的仪器装备，并灵活选择轨道运行高度；应用卫星直接为国民经济和军事服务，具有实用性强、高度专业化、高可靠性和稳定性等特点；技术试验卫星用于卫星工程技术和空间应用技术的原理性或工程性试验，具有试验目的明确、数据收集针对性强等特点。

35 发射卫星需要批准吗？

卫星的频率和轨道资源是重要的战略资源，是卫星进入太空、感知太空和利用太空的前提条件。一般来说，卫星在发射之前需要依据国内和国际上的相关法律规定，获取卫星所需的轨道和频率资源使用许可，方可进行发射。国际上，通常需要向国际电信联盟组织申请登记，依据《无线电规则》等开展轨道、频率协调相关工作；国内，需要向相关部门提报审批材料，获取无线电台执照及相应的无线电频率使用许可，申请办理民用航天发射项目许可，取得航天发射许可证后方可发射。

❯ 延伸阅读

国际电信联盟是联合国的一个重要专门机构，也是联合国机构中历史最长的一个国际组织。简称"国际电联"、"电联"或"ITU"。国际电联是主管信息通信技术事务的联合国机构，负责分配和管理全球无线电频谱与卫星轨道资源，制定全球电信标准，向发展中国家提供电信援助，促进全球电信发展。国际电联总部设于瑞士日内瓦，每年的 5 月 17 日是世界电信日（World Telecommunications Day）。

《民用航天发射项目许可证管理暂行办法》

36　什么是卫星的发射窗口？

卫星的发射窗口是指运载火箭发射比较合适的一个时间范围。这个范围的大小也被称为发射窗口的宽度。窗口宽度有宽有窄，宽的以小时计，甚至以天计算；窄的只有几十秒，甚至为零。影响和限制发射窗口的因素主要包括地面观察的需要、地面目标光照条件的要求、航天器上太阳能电池光照条件的要求、航天器上姿态测量设备的要求、航天器返回地面时的要求、空间交会的需要等。由于太阳、地球和其他星体的相对位置在不断变化，即使发射同一类型、同一轨道的航天器，其发射窗口也是不固定的。

 卫星的频率和轨道是如何分配的？

　　卫星的频率和轨道资源是有限的。世界各国需按照《国际电信联盟组织法》《无线电规则》等，对于非规划频段，遵循"先登先占"原则，以卫星网络资料为基本单位，开展国际申报、协调、登记和维护等工作，任何一个国家都不能单方面主宰其获取和使用。具体来讲，在卫星发射前的 2—7 年，需要向国际电信联盟申报拟建卫星系统的无线电频率和轨道等技术参数，之后还必须与世界上其他已申报的卫星系统、地面无线电系统开展并完成必要的协调工作。通常情况下，卫星频率和轨道资源在申报后的 7 年内，必须发射卫星启用所申报的资源，否则所申报的资源自动失效；对于适用里程碑规则的非静止轨道卫星系统，9 年内必须投放申报卫星总数的 10%，12 年内必须投放申报卫星总数的 50%，14 年内完成全部投放。

 卫星的轨道类型有哪些？

卫星飞行的水平速度叫第一宇宙速度，即环绕速度。卫星只要获得这一水平方向的速度后，不需要再加动力就可以环绕地球飞行。这时卫星的飞行轨迹叫卫星轨道，按高度分低轨道和高轨道，按地球自转方向分顺行轨道和逆行轨道。这中间有一些特殊意义的轨道，如赤道轨道、地球同步轨道、对地静止轨道、极地轨道和太阳同步轨道等。卫星的轨道应根据其任务和应用要求来选择。例如，对地面摄影的地球资源卫星、照相侦察卫星常采用圆形低轨道；若为了尽量扩大空间环境探测的范围，卫星可采用扁长的椭圆形轨道；为了节省发射卫星的能量，卫星常采用赤道轨道和顺行轨道；对固定地区进行长期连续的气象观测和通信的卫星，常采用地球静止卫星轨道；需对全球进行反复观测的卫星可采用极地轨道；要使卫星始终在同一时刻飞过地球某地上空，也就是说要使卫星始终在相同的光照条件下经过同一地区，则需要采用太阳同步轨道。

39 在太空中的卫星是如何管理控制的？

太空中的卫星通常是由地面控制中心和地面站等负责管理控制的。地面控制中心发出控制指令并接收来自卫星的状态数据，通过雷达、光学望远镜等监测卫星的轨道及姿态，在必要时进行卫星姿态控制和轨道控制。卫星姿态控制是为了保持卫星特定的空间方向和稳定，例如确保太阳能帆板对准太阳。而卫星的轨道控制是针对卫星轨道进行维持和调整，确保其在预定的轨道上运行。除了传统的由地面控制外，未来新的发展方向是让太空中的卫星实现自主管理控制，而不必再依赖地面系统。

卫星会一直在既定轨道运行吗？

卫星一般不会一直在既定轨道运行。卫星运行过程中，大气阻力、地球非球性引力场、太阳辐射等因素，会引起卫星运行速度、轨道参数等变化。以大气阻力为例，近地轨道卫星在运行过程中，会与稀薄的空气摩擦，产生阻力，使卫星速度降低、高度降低。另外，地球非球性引力场会引起轨道摄动，使轨道平面发生进动，改变卫星运行轨迹。太阳辐射压、月球和太阳引力等因素也会对卫星轨道产生长期、微小的累积性影响，进而引起轨道参数变化。

 影响卫星寿命的主要因素有哪些？

影响卫星寿命的因素包括外部环境和自身条件。从外部环境来说，大气阻力、空间碎片和微流星体是主要影响因素。卫星运行过程中，会与稀薄的空气产生摩擦，导致轨道高度降低，若不施加轨道控制，可导致卫星坠落。空间碎片和微流星体碰撞可能会导致卫星部件或结构损坏。从卫星自身条件来看，卫星关键部件的可靠性、燃料也是影响卫星寿命的主要因素。太阳能电池板长期受太空辐射和粒子攻击，电能转换效率会降低；推进系统长时间运行，工作效率也会下降，影响卫星"健康"运行。燃料是卫星进行轨道维持、姿态调控等的必要条件，一旦耗尽，卫星的"生命"也将结束。

在轨卫星间有哪些相互影响？

　　在轨卫星在同种轨道分布过于密集将会导致通信相互干扰，且增大相互碰撞的风险。由于绝大部分通信卫星转发器属于"透明型"转发器，对卫星覆盖波束区域内的上行信号不加辨别予以放大、变频转发，因此不可避免会产生干扰。卫星间产生干扰的主要原因有邻星干扰和相邻信道干扰两种。

近地轨道最多能容多少颗卫星？

 卫星寿命末期如何处理？

　　为了减少废弃卫星对其他卫星造成影响，通常会在钝化后采用以下两种方式处理寿命末期的卫星。对于近地轨道寿命末期卫星，可控制卫星再入大气层，利用大气摩擦让卫星燃烧，残余碎片落入海洋等人烟稀少区域。对于轨道高度比较高的寿命末期卫星，可将其转移到比正常工作轨道更高的弃星轨道（"坟墓轨道"），这样处于寿命末期的卫星基本不会影响正常工作卫星，也不会对地球附近的空间活动产生影响。

卫星陨落有哪些风险？

卫星陨落会对空间飞行器和地面环境稳定带来风险。对空间飞行器而言，卫星陨落过程会对其他正常运行的飞行器带来碰撞的风险。对地球大气环境而言，大量陨落卫星在大气层中燃烧，产生的金属颗粒和气体会引起大气污染。对地球地面环境而言，当卫星体积较大、坠落速度较快时，撞击地面会形成撞击坑。撞击过程中，巨大的能量会使坑内及周边的岩石破碎、变形，改变局部的地质结构，也会对人类的生命、财产安全造成影响。

卫星陨落

 我国是如何监管太空活动的？

　　我国高度重视《外层空间条约》的国家监管责任，建立了军地联合监管的航天管理制度，通过制定颁发《空间物体登记管理办法》《民用航天发射项目许可证管理暂行办法》《卫星发射保险基金管理办法》《无线电管理条例》《无线电频率划分规定》

《空间碎片减缓与防护管理办法》《民用卫星工程管理暂行办法》《关于促进微小卫星有序发展和加强安全管理的通知》等系列重要法规，对太空物体登记、发射许可、卫星频率轨道资源、商业促进等事项进行监管，确保太空活动在国家统一监管下安全有序开展。

 开展月球、火星等天体探测需要遵守哪些要求？

　　开展月球、火星等天体探测，需要遵守和平利用和限制军事化、不得据为己有、遵守国际法、保护环境、履行国际责任等原则要求，应用于和平目的，不得通过主权主张、使用或占领，或以任何其他方法据为己有，必须遵守包括联合国宪章在内的国际法。不论外空活动是由本国何种性质团体进行，国家都应对本国的外空活动负国际责任。

月球开采示意图

火星基地示意图

057

篇四

不断提高进出太空能力

人类是如何把卫星送入太空的?

1957 年 10 月 4 日, 苏联成功发射了世界上第一颗人造地球卫星, 人类成功把卫星送入太空。人类把卫星送入太空主要通过运载火箭来实现, 通常包括以下几个关键步骤: 发射前, 选择合适的运载火箭, 确保能够提供足够推力将卫星送入预定轨道; 发射时, 火箭点火, 产生强大推力, 克服地球

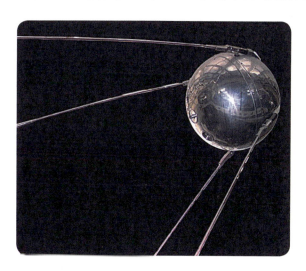

世界上第一颗人造地球卫星——"斯普特尼克 1 号"

引力，逐步加速上升；发射达到预定高度和速度后，火箭将卫星准确释放到预设轨道；卫星入轨后，会进行一系列的自检和校准，确保卫星功能正常。卫星从发射到入轨的整个过程都需要精确的计算和控制。

 我国第一颗人造卫星是什么时候发射的？

　　我国第一颗人造卫星是"东方红一号"，于 1970 年 4 月 24 日成功发射。"东方红一号"卫星的成功发射，标志着我国成为继苏联、美国、法国和日本之后世界上第五个能独立自主研制并成功发射人造卫星的国家。"东方红一号"卫星进行了轨道测控试验和《东方红》乐曲的播放，使《东方红》乐曲响彻全世界。为了纪念中国航天事业成就，发扬中国航天精神，2016 年 3 月 8 日，国务院批复同意将每年 4 月 24 日设立为"中国航天日"。

"东方红一号"卫星

新中国的第一：第一颗人造卫星——东方红一号

 我国有哪些主要航天发射场？

　　我国主要航天发射场包括：酒泉卫星发射中心、西昌卫星发射中心、太原卫星发射中心、文昌航天发射场等。酒泉卫星发射中心是我国最早的发射中心，主要负责载人航天和多种卫星的发射；西昌卫星发射中心主要发射地球静止轨道卫星；太原卫星发射中心主要发射太阳同步轨道卫星；文昌航天发射场是我国首个滨海发射基地，主要用于发射大型卫星及深空探测任务。这四大航天发射场见证了我国航天史上的多个重要时刻，共同推动我国航天事业向前蓬勃发展。此外，海南商业航天发射场是我国首个商业航天发射场，以解决商业航天发射资源相对紧缺的局面，推动商业航天的高质量发展。2024 年 11 月 30 日，海南商业航天发射场首次发射取得圆满成功。中国东方航天港项目是依托烟台优越的地理位置和港口条件，旨在打造航天海上发射母港。

我国首个商业航天发射场完成首次发射任务

50 我国运载火箭有哪些主要型号系列？

航天技术是国家综合实力的重要组成和标志之

一，进入空间的能力是综合国力和科技实力的重要标志。运载火箭则是如今人类克服地球引力、进入空间的重要工具，是发展空间技术、确保空间安全的基石。确保安全、可靠、快速、经济、环保地进入空间，推进太空探索技术发展，促进人类文明进程，则是我国长征系列运载火箭的发展目标。考虑到国际上尚无统一的运载火箭划代标准，根据中国长征系列火箭的研制建设情况，从火箭综合性能与效费比、可靠性和安全性、环境适应性、使用维护性等方面，可划分为 5 代：第 1 代解决有无，源自战略武器的一次使用火箭，主要由战略武器型号改进而来，典型火箭如 CZ–1、FB–1 等，圆满完成中国"东方红一号"等系列卫星发射任务；第 2 代任务牵引，采用常规动力的一次使用火箭，典型火箭如 CZ–2、CZ–3、CZ–4 系列等，圆满完成中国"北斗二号/三号"等系列重大发射任务；第 3 代提升效能，采用新型动力的一次使用火箭，典型火箭如 CZ–5、CZ–6、CZ–7 系列等，支持完成中国"载人空间站"等系列重大发射任务；第 4 代为基于智能化、多次使用的火箭；第 5 代为高效快捷航班化运行天地往返运输系统，国内正在开展相关关键技术攻关。此外，随着商业航天快速发展，"朱雀""引力""双曲线"等民用商业运载火箭也进一步丰富了我国运载火箭型谱。

 延伸阅读

　　长征系列运载火箭是我国自行研制的航天运载工具。长征运载火箭起步于 20 世纪 60 年代，1970 年 4 月 24 日"长征一号"运载火箭（CZ-1）首次发射"东方红一号"卫星成功。长征火箭具备发射低、中、高不同地球轨道不同类型卫星及载人飞船的能力，并具备无人深空探测能力。低地球轨道（LEO）运载能力达到 25 吨，太阳同步轨道（SSO）运载能力达到 15 吨，地球同步转移轨道（GTO）运载能力达到 14 吨。

51 我国商业航天发射企业的重要作用有哪些?

　　近年来，我国商业航天发射企业发展迅猛。通过不断的技术创新和市场拓展，不仅提升了我国在国际商业航天领域的竞争力，也可为国内外客户提供更加多样化和高效的航天发射等服务。

天路辉煌　民商航天

为什么要发展可重复使用运载火箭？

发展可重复使用运载火箭的主要原因包括降低成本、缩短再次组织发射周期、提升技术水平和创新能力等。降低成本是发展可重复使用运载火箭的主要原因。传统的运载火箭在使用后通常会被丢弃，导致昂贵的箭体、发动机和电气设备等无法再次利用，增加了发射成本。通过重复使用这些组件，可以显著降低运载器的生产和发射成本，提高进入太空能力。发展可重复使用运载火箭还可以促进科技创新。可重复使用运载火箭代表了当今航天科技领域前沿技术方向之一，其技术溢出效应将显著提升相关领域的技术水平和创新能力，推动整个航天产业和国民经济增长。

> **延伸阅读**
>
> 航天技术的成就给人类带来极大的利益，但是高昂的发射费用使人们望而却步，阻碍了人类航天活动的快速发展。降低发射费用——降低进入太空的费用一直是人们的期望。可重复使用运载火箭，是指从地面起飞完成预定发射任务后，全部或部分返回并安全着陆，经过检修维护与燃料加注，可再次执行发射任务的火箭。可重复使用运载火箭的概念是相对于一次性使用运载火箭而言的。

53 航天发射活动有什么重大风险？

　　航天发射活动面临的主要风险包括火箭安全风险、技术故障风险、恶劣天气风险以及太空环境风险等。火箭研发和试验过程中的安全隐患和管理漏洞，会对火箭发射和发射区域带来巨大的安全风险。航天发射涉及复杂的技术操作和系统集成，发射过程中的任何操作失误都可能导致发射失败或对公共安全造成影响。不利的天气条件，如强风、雷暴等，也会对航天发射产生负面影响。太空环境具有微重力、高真空、强辐射等特点，尤其存在大量高速运行的空间碎片，可能对航天发射和航天器运行造成巨大威胁。

54　保障航天发射安全有哪些措施？

　　航天发射安全保障涉及发射前检查测试、安全距离和区域规划、人员安全防护、发射窗口保障、风险识别与预测、应急处理和演练等多方面保障措施。在发射前，应确保火箭设计和制造符合安全标准和规范，以及确保火箭安全遥控系统和地面设施设备符合发射安全要求。设定安全区域，确保在发射过程中不会有人进入潜在危险区域。对所有参与发射任务人员进行安全意识培训和模拟训练，了解潜在的危险和应急措施。精准计算火箭发射窗口，提供分时分段、精细精确的气象保障，在发射窗口时间范围内执行火箭发射。借助历史数据分析和专家经验知识，对潜在风险进行评估和预测。针对可能出现的各种紧急情况，制定应急预案并组织应急演练。

55 宇宙飞船与航天飞机有什么不同？

宇宙飞船和航天飞机的主要区别在于外形设计、使用次数、功能用途等。航天飞机有机翼，使其能够在返回时像飞机一样滑翔降落；而宇宙飞船没有机翼。航天飞机是可重复使用的，由助推火箭将其送入轨道执行任务，完成任务后再返回地球；宇宙飞船可分为一次性使用与可重复使用两种类型，大部分宇宙飞船通过火箭一次性将其送入太空，少数飞船实现了可重复使用。航天飞机主要用于执行人员和货物运送、空间试验、卫星发射等；宇宙飞船用于运送航天员、货物到达太空并安全返回，是现今广泛使用的天地往返运输航天器。

航天发射需要什么支撑保障条件？

支撑航天发射需要可靠的运载火箭、完善的发射场以及合适的发射条件等。首先，需要高可靠性和安全性的运载火箭，为发射任务完成提供保障。其次，需要建设科学可靠的发射场，理想的发射场应配套完善的交通、供电、供水和通信等基础设施，建设完备的计算中心、测控站和测量船等测控设施，具有完善的应急救援体系和安全管理体系等。最后，还需要合适的发射条件，包括晴朗、风速小、湿度低、能见度好的气象条件，干净且可避免电磁干扰的电磁环境，等等。

57 什么是太空"凯斯勒效应"?

　　太空"凯斯勒效应"也称为碰撞级联效应，是由美国科学家唐纳德·K.凯斯勒于1978年提出的一种理论假设。该假设认为，当在近地轨道运转的物体的密度达到一定程度时，将让这些物体在碰撞后产生的碎片能够形成更多的新撞击，形成级联效应，意味着近地轨道将被危险的太空垃圾所覆盖。由于失去能够安全运行的轨道，在之后的数百年内太空探索和人造

被空间碎片包围的地球示意图

卫星的运用将变得无法实施。

"卫星坟场"、"坟墓轨道"是什么?

"卫星坟场"和"坟墓轨道",顾名思义,都是人造卫星报废后的去处。"卫星坟场"有两个,一个位于太空,即"坟墓轨道",一个位于南太平洋中央的深海无人区,即"尼莫点"。"坟墓轨道"也称为"弃星轨道",位于地球同步轨道(距离地球 3.6 万公里)上方约 300 公里处,是地球同步轨道卫星报废后的去处。比如,我国风云二号卫星寿命到期后,依靠剩余能量进入了"坟墓轨道"。南太平洋的"尼莫点"距离最近的陆地超过 2600 公里,是近地轨道卫星报废后、在大气层未能完全烧毁的残骸的去处。截至目前,世界上有 260 多个航天器残骸坠落"尼莫点",我国"天宫二号"坠落后的残骸也长眠于此。

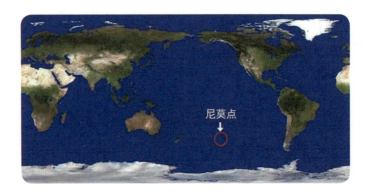

地球上的"卫星坟场"示意图

59 人类如何控制空间碎片增长?

　　现阶段控制空间碎片增长的措施主要有三种。一是空间碎片减缓,即控制、减少碎片产生。比如各国在航天器设计、发射和运行中采取措施,以减少空间碎片的产生。二是碰撞规避,主动规避降低碰撞概率,减少碎片产生。比如利用轨道监测技术,预知太空垃圾的位置,让航天器绕道而行。三是主动移除,彻底控制空间碎片数量增长。比如一些国家提出了采用机械臂抓取、飞网抓捕、激光推移等方法来移除空间碎片，但这些技术仍处于概念试验阶段，大规模应用尚需时日。

应对空间碎片 警惕"太空杀手" 清除空间碎片的各种构想

 如何防范在轨卫星发生碰撞?

　　防范在轨卫星发生碰撞主要有规则和技术两个层面的措施。在规则层面，要制定太空交通管理规则，使各国航天器按照共同遵守的规则运行，增加太空交通管理的透明性和可预测性，减少碰撞的可能性。在技术层面，要进行碰撞预警和主动避让，碰撞预警依托太空态势感知技术和预警技术，通过监视卫星等太空物体的轨道、速度和运行方向，对可能发生的碰撞及时预警。卫星收到碰撞预警后，进行快速准确的规划，制定出最优的规避方案，通过调整卫星轨道高度或改变轨道平面，避让可能相撞的卫星。

61 什么是太空交通管理？

　　随着低轨大型星座的快速部署，太空变得越发拥挤，太空交通管理日益成为国际社会讨论的热点和焦点，也成为太空国际治理领域面临的巨大挑战。那么太空交通该如何治理呢？不同于人们熟悉的路面交通，有着成熟的交通信号灯、右转弯让直行先行等交通规则，太空中尚未建立此类太空交通规则。相信在不久的将来，以太空交通规则体系和能力体系为支撑的太空交通管理，将成为现实，也将催生一系列新的概念、原则，如太空交通事故、太空交通侵权等。

太空"交通意外"？ 美欧卫星险相撞

太空资产如何进行安全防护?

对太空资产进行安全防护从以下几方面开展。首先，推动空间碎片清理责任分担、轨道资源合理分配等太空行为准则的确立，并形成国际条约；其次，建立全球性数据交换平台，共享发射活动、在轨物体轨道运行数据等方面信息；再次，发展应急响应机制，对在轨维修机器人、专业太空救援队伍进行部署；最后，发展抗辐射、电磁防护、光学防护等技术，加强发展航天器自卫、识别异常接近物体、坚固耐用航天

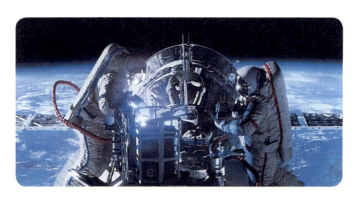

太空救援示意图

器材料、可重复使用运载工具等方面的技术研究。

 什么是空间态势感知？

空间态势感知主要包括对空间目标的探测、跟踪、识别以及对空间事件的评估、核实与环境监测预报，是一切太空活动的基础，是确保太空资产安全的前提和了解太空活动意图的关键手段。只有具备强大的空间态势感知能力，才能确保太空活动的有效展开。

篇五

积极推进探索利用太空

64 人类是什么时候开始探索利用太空的?

太空探索是人类历史上最伟大的冒险活动之一。从最初的历法、天文观测、天文导航到现代的太空探索，人类探索宇宙奥秘的脚步从未停歇。20 世纪初，人们开始使用望远镜观测天空，发现了许多星系和行星。1961 年，苏联宇航员尤里·加加林成为第一个进入太空的人。1969 年，美国宇航员尼尔·阿姆斯特朗成为第一个登上月球的人。20 世纪 70 年代起，人类开始使用太空探测器探索太阳系，美国的"先驱者 10 号"太空探测器成为第一个飞越木星的人造物体，苏联的"金星 13 号"太空探测器成为第一个成功着陆在金星表面的人造物体。1990 年，美国哈勃太空望远镜发射升空，成为第一个在太空中观测宇宙的望远镜，哈勃太空望远镜的发现改变了我们对宇宙的认识，包括黑洞、星系和行星等。21 世纪初，人类开始使用空间站进行长期太空探索，空间站成为人类在太空中的长期居住地，是人类太空探索的重要里程碑。太空探索的未来是无限的，我们期待着更多的发现和突破。

 太空活动在经济社会发展和国家安全中的作用价值是什么？

　　太空活动与百姓的吃穿住行和国计民生息息相关，为经济社会发展和国家安全提供了重要支撑。在"吃"方面，卫星遥感技术可用于精准农业、气象保障和渔业监测等，提升粮食安全和农业效率；在"穿"方面，航天材料的研发推动了功能性纺织品和高性能纤维的应用；在"住"方面，卫星数据服务于城市规划、灾害监测与住房安全，航天材料助力节能建筑发展；在"行"方面，卫星导航广泛应用于交通、物流和无人驾驶，提高了出行效率和安全性。此外，太空活动通过灾害预警、环境监测和公共服务等，提升了人民生活质量，如偏远地区通过卫星实现远程医疗和教育服务。在国家安全领域，太空技术保障了大国博弈和国防能力，同时引领多学科技术发展，奠定科技强国的战略高地。

66 卫星应用的主要领域有哪些？

通信、导航和遥感是卫星应用的三大主要领域。通信卫星在行业通信、公众通信、应急通信等方面发挥重要作用；导航卫星在道路应用和位置服务领域占

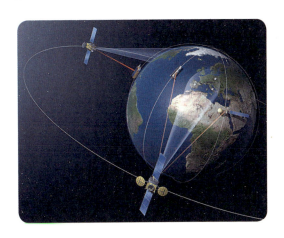

天通一号卫星移动通信系统示意图

据主导地位，并在自动驾驶、无人机、精确导航、基于位置的信息服务、智慧城市建设等领域潜力巨大；遥感卫星可用于气象监测、农业监测、国土资源勘查、智能交通管理等领域。

67 世界上主要有哪些卫星导航系统？

世界上主要有 4 个全球卫星导航系统：美国全球定位系统（GPS）、俄罗斯格洛纳斯卫星导航系统（GLONASS）、中国北斗卫星导航系统（BDS）以及欧盟伽利略卫星导航系统（Galileo）；2 个区域卫星导航系统：印度区域导航卫星系统（IRNSS）、日本准天顶卫星系统（QZSS）。

我国的北斗卫星导航系统是什么？

　　我国高度重视北斗卫星导航系统建设发展，自20世纪80年代开始探索适合国情的卫星导航系统发展道路，形成了"三步走"发展战略：2000年年底，建成北斗一号系统，向中国提供服务；2012年年底，建成北斗二号系统，向亚太地区提供服务；2020年，建成北斗三号系统，向全球提供服务。目前，北斗系统已经实现全球组网和覆盖，广泛应用于交通运输、农林渔业、水文监测、气象测报、通信授时、电力调度、救灾减灾、公共安全等多个领域。面向未来，北斗系统的发展目标是满足国家安全与经济社会发展需求，为全球用户提供连续、稳定、可靠的服务；发展北斗产业，服务经济社会发展和民生改善；深化国际合作，共享卫星导航发展成果，提高全球卫星导航系统的综合应用效益。

北斗卫星导航系统

北斗卫星导航系统2035年前发展规划发布

69 遥感卫星主要用于哪些领域？

遥感卫星主要应用于环境监测、农业管理、城市规划、灾害预警与评估、军事侦察、资源勘探以及交通物流等多个领域。通过高分辨影像和实时数据的获取，遥感卫星可为这些领域提供不可或缺的关键信息支持，助力实现精准评估决策、高效管理和快速响应等任务。我国已建设面向全社会开放的陆海气一站式

国家遥感数据与应用服务平台

遥感信息服务平台。

遥感卫星主要有哪些种类？

　　遥感卫星是一种专门用于对地观测的人造卫星，根据不同分类标准，遥感卫星可以划分为多个类型。陆地资源卫星，专注于探测地球资源与环境，其广泛应用于自然资源、生态环境、应急管理等多个行业，如美国陆地卫星（Landsat）系统、中国"高分"系列卫星。气象卫星，以搜集气象数据为主要任务，用于预测天气情况和气候变化，如美国地球同步气象卫星（GOES）系列、欧洲极轨气象卫星系统（MetOp）和中国"风云"系列卫星。海洋卫星，主要服务于深海前沿研究、气象预报和海洋环境预报，如美国海洋资源探测卫星（Seasat-A）、中国"海洋"系列卫星。

❯ 延伸阅读

　　"高分"系列卫星：中国遥感技术的飞跃。高分一号，高分辨率对地观测系统国家科技重大专项的首发卫星，开启了我国遥感卫星的新时代。高分二号，我国目前分辨率最高的民用陆地观测卫星，标志着我国遥感卫星进入了亚米级"高分时代"，达到了国际先进水平。高分三号，我国首颗分辨率达到1米的C频段多极化合成孔径雷达（SAR）卫星，为海洋和陆地观测提供了新的视角。高分四号（光学卫星），我国首颗地球同步轨道高分辨率对地观测卫星，为气象、环境等领域提供了稳定的数据支持。高分五号，世界首颗实现对大气和陆地综合观测的全谱段高光谱卫星，为环境保护和资源管理提供了强大的工具。高分六号，低轨光学遥感卫星，也是中国首颗精准农业观测的高分卫星，为农业现代化提供了精准的数据。高分七号，我国首颗亚米级高分辨率光学传输型立体测绘卫星，为城市规划、土地确权等提供了精确的测绘数据。高分八号，主要用于国土普查、城市规划、土地确权、路网设计、农作物估产和防灾减灾等领域，为"一带一路"倡议实施等提供信息保障。高分九号，地面像元分辨率最高可达亚米级，标志着我国遥感卫星技术的又一重要突破。高分十号，地面像元分辨率最高可达亚米级，主要用于国土普查、城市规划、土地确权、路网设计、农作物估产和防灾减灾等领域。高分十一号，与中继星之间在太空中首次实现高速率的数据双向传输，为空间科学研究提供了新的可能。高分十二号，地面像元分辨率最高可达亚米级，主要用于国土普查、城市规划、土地确权、路网设计、农作物估产和防灾减灾等领域，可为"一带一路"和国防现代化建设提供信息保障。

71　我国对卫星遥感数据有哪些安全管理要求？

依据《国家民用卫星遥感数据管理暂行办法》《国家民用卫星遥感数据国际合作管理暂行办法》等要

求，我国对卫星遥感数据的安全管理要求主要包括：未经授权的卫星遥感数据不得向境外组织或个人提供，涉及敏感地区和敏感时段的遥感数据，实行授权分发。申请使用涉密数据的用户需具备相应保密资质，并按国家保密管理规定进行管理和使用。此外，卫星数据中心等单位需构建安全、稳定、可靠的数据备份与灾难恢复系统，以防范突发事件，保障数据安全。

《国家民用卫星遥感数据国际合作管理暂行办法》

 卫星互联网星座是如何工作的？

卫星互联网星座依赖卫星通信技术运作，主要由空间段、用户段和地面段三部分构成。空间段由不同轨位的卫星星座组成。用户段涵盖多种用户终端、信息服务平台及业务支撑系统，目前采用固定终端形式建立接入网络，但手机直连卫星技术未来有望成主流。地面段包括信关站、运控管理系统及连接地面核心网的基础设施。与传统的蜂窝通信相比，卫星通信最大的不同在于中继媒介是卫星而非地面基站，其通信波束覆盖范围较广，不受地理环境和自然灾害限制，具有突破距离和地理限制的优势。

73　卫星互联网对国家安全有什么影响？

近年来，随着互联网的快速发展和全球信息化的浪潮，卫星互联网逐渐成为国际社会关注的焦点。卫星互联网的建设有助于提升国家的信息化水平和国际竞争力。如，可极大提升国家的通信能力，特别是在自然灾害或战争等紧急情境下，它能确保通信网络的持续稳定与畅通，为国家安全筑起一道坚实的防线。卫星互联网还具备出色的抗干扰能力和强大的防御黑客、网络攻击的能力。

 我国在建的卫星互联网星座有哪些？

　　在科技日新月异的今天，我国的航天事业正以前所未有的速度蓬勃发展。近年来，我国两大低轨卫星互联网星座——"千帆星座"和"星网"开始发射和部署卫星，标志着我国在卫星互联网领域迈出了坚实的一步。这些星座的部署不仅将推动我国航天技术的进步，还将为全球用户提供更加便捷、高效的互联网服务。其中，"千帆星座"于 2023 年启动建设，包括三代卫星系统，采用全频段、多层多轨道星座设计，核心技术及产业链全部自主可控。该计划致力于为用户提供更为广泛且高质量的通信服务、宽带互联网服务等。

超万颗卫星打造"千帆星座"如何改变互联生活？

为什么要发展商业航天？

　　所谓"商业航天"，主要是指以市场为主导、具有商业盈利模式的航天活动。商业航天的发展，不仅为国家战略目标服务，也让普通人能够更低成本地享受太空带来的便利和美好。2024年政府工作报告强调，积极打造生物制造、商业航天、低空经济等新增长引擎。这是"商业航天"首次写入政府工作报告。商业航天的发展对于全球经济、科技、安全等方面都将产生深远影响，对于提升国家包括军事、科技在内的综合实力和国际地位，维护国家安全和发展利益具有重要意义。

多管齐下推动商业航天产业发展壮大

我国载人航天取得了哪些成就？

　　1992 年 9 月 21 日，中国政府正式批准实施载人航天工程，代号"921 工程"。工程确定了我国载人航天工程"三步走"的发展战略。第一步，发射载人飞船，建成初步配套的试验性载人飞船工程，开展空间应用实验。第二步，突破航天员出舱活动技术、空间飞行器交会对接技术，发射空间实验室，解决有一定规模的、短期有人照料的空间应用问题。第三步，建造空间站，解决有较大规模的、长期有人照料的空间应用问题。在此战略指导下，我国载人航天取得了一系列辉煌成就。2003 年 10 月 15 日，中国航天员杨利伟乘坐神舟五号飞船成功进入太空，成为我国首位进入太空的航天员。2011 年，我国成功发射了天宫一号空间实验室，并与多艘神舟飞船完成交会对接。2021 年，中国空间站"天和"核心舱成功发射，标志着我国空间站建造进入全面实施阶段。2022 年，中国空间站全面建成，中国载人航天工程"三步走"发展战略从构想成为现实。2023 年，中国空间站全貌高清图像首次公布，全面转入应用发展阶段。

中国载人航天工程简介

2025年中国载人航天工程：空间站应用与发展　载人登月同步推进

 航天员进入太空面临哪些风险？

　　航天员进入太空面临的风险是多方面的，这些风险既来自发射过程中的复杂环境，也涉及航天员在轨期间可能遇到的各种挑战。包括发射阶段面临的发射失败、过载和震动、逃逸塔救生系统的可靠性等风

险，以及在轨飞行阶段失重环境对身体的影响、空间
碎片撞击、心理压力等问题。

> ❯ 延伸阅读

  要成为航天员必须具备哪些条件？航天员是经
过科学严格的选拔，再经过全面系统的训练培养出
来的。航天员不仅要身体素质好、心理素质好、对
太空环境有较好的耐力和适应性，还要年龄、身高、
体重、教育背景和职业背景等满足要求。

如何克服太空环境对航天员的不利影响？

航天员在空间站生存，需要克服失重、超重、孤
独、宇宙射线、火箭发动机的噪声和空间碎片撞击航
天器等一系列艰难险阻。因而，空间站生活和工作对
航天员的生理和心理素质有着非常高的要求。所以，
在进入太空之前，航天员要经过严格的选拔和训练。

地面上也会提前准备好上百种预案以应对太空中的种种风险，力求把空间站上可能出现的问题扼杀在摇篮里。航天员还要学习如何在与世隔绝的环境中长期默默工作，适应太空生活、工作的规律和节奏。航天器和航天服的设计也要充分考虑保护航天员的安全和健康，比如研究人员通过研发更先进的屏蔽材料来应对太空辐射的影响等。天地协同的快速响应机制也在规避空间碎片风险上发挥着重要作用。

一个人要经历多少考验，才能成为航天员？

 航天员出舱活动有哪些安全风险？

　　航天员在执行出舱活动时，面临着多方面的风险。这些风险不仅来自太空环境的特殊性，还涉及航天员的安全和任务的复杂性。真空环境、温度波动、辐射暴露等极端太空环境，生命维持系统故障、通信中断等航天器故障，微流星体和空间碎片撞击、航天服故障等物理风险，在太空环境进行精细操作和使用工具设备带来的操作难度，甚至应对紧急情况带来的心理挑战、意外"飘走"等，都是航天员出舱可能会面临的安全风险。

 航天员登月过程中可能有哪些风险?

　　航天员登月过程中面临复杂的环境风险和活动风险。环境风险包括月球的极端温度、低压环境、微弱重力和辐射等因素。月球表面重力约为地球的 1/6，航天员穿着沉重的舱外航天服在外作业时，将承受更大的负荷；月球磁场微乎其微，航天员直接面对的辐射剂量更大，稍有不慎，就有可能引发急性辐射反应；月面昼夜交替漫长、温差可达 300 摄氏度且遍布死寂荒漠的月面环境，容易引发行为和认知能力下降。活动风险包括通信联络不稳定、任务复杂等风险。地球和月球之间距离较远，地月通信延迟无法避免，可能导致航天员在执行出舱任务时无法准确定位自己在月球表面的位置，航天员可能面对各种突发情况。

 ## 如何保障航天员安全返回地球？

　　航天员从太空返回地球的旅程并非易事，需要闯过与空间站分离、制动减速、再入大气层、降落伞减速、着陆缓冲这五个关卡，才能安全地踏上回家的路。保障航天员安全返回地球，飞船返回过程的每个阶段都至关重要且紧密相连，都需要经过精确设计以应对各种可能的情况。一次成功的返航不仅是中国航天事业不断进步的有力见证，还激励着我们继续探索浩瀚宇宙的奥秘，为航天事业的发展续写新的辉煌篇章。

世界上有哪些空间站？

　　截至目前，世界上的空间站主要包括"礼炮号"系列空间站、"和平号"空间站、"天空实验室"空间站、国际空间站和中国空间站。目前仍在运行的空间站有两个，即国际空间站和中国空间站。作为人类目前在太空仅有的两个空间站之一，中国空间站重量达到百吨级、工作生活空间超过 100 立方米、综合技术水平位居世界前列，成为"太空中最闪亮的星"，充分彰显着新时代中国智慧、中国志气、中国实力。

> ❯ **延伸阅读**
>
> 　　1. 国际空间站：这是由美国、俄罗斯、加拿大、日本、巴西以及欧洲航天局的 11 个成员国（包括德国、法国、意大利、比利时、荷兰、丹麦、西班牙、瑞士、挪威、瑞典和英国）等 16 个国家共同合作建设的项目。自 1998 年开始建设至今，国际空间站是

目前在轨运行且规模最大的空间站，其重量高达 423 吨，最多能够容纳 13 人。

2. 中国空间站：中国"天宫"空间站由中国独立自主建设运营，它是一个长期在近地轨道运行的空间实验室,2022 年建成，主要由"天和"核心舱、"问天"实验舱和"梦天"实验舱三个舱段组成，形成"T"字构型组合体。空间站的主要功能包括支持航天员长期在轨生活和工作、开展空间科学实验和技术试验等。

国际空间站　　　　　　"天宫"空间站

中国空间站在轨运行良好　应用成果丰硕

101

我国有多少航天员进入太空？

　　随着我国航天实力和综合国力的提升，越来越多的航天员进入太空。他们敢于冒险，勇于探索，完成了一项项航天任务，刷新了一个个中国纪录。截至神舟十九号飞船进入预定轨道，我国进入太空的航天员共有 24 人，他们分别是杨利伟、聂海胜、费俊龙、景海鹏、翟志刚、刘洋（女）、刘旺、刘伯明、张晓光、王亚平（女）、陈冬、汤洪波、叶光富、蔡旭哲、张陆、邓清明、桂海潮、朱杨柱、江新林、唐胜杰、李广苏、李聪、宋令东、王浩泽（女）。

《国防故事》：中国航天员

普通人能进行太空旅游吗?

太空旅游正在成为未来旅游行业的新热点。随着商业航天的快速发展和太空技术的不断进步，越来越多的人有机会实现太空探险的梦想。普通人通过特定的专业训练，身体状况满足健康条件，可以进行太空旅游。目前，美国多家商业公司已推出商业太空旅游项目，售票价格随轨道高度、飞行时间长短等而不同，价位大概在几十万美元到几千万美元之间。2024年10月24日，我国的商业航天企业深蓝航天推出2027年载人飞船首次亚轨道载人旅行飞船船票的预售活动，全款定价为150万元/人。

太空旅游

85 移民火星的路还有多远?

　　火星是整个太阳系中与地球最为相似的行星，也是目前看唯一经创新改造之后有可能适合大规模移居的星球。移民火星是一个复杂而雄心勃勃的目标，涉及多方面的技术、科学和社会的挑战。要成功实现火星移民，人类首先需要开发能够将大量物资、设备和人员安全运送到火星的大型运输设备。安全着陆火星是一个巨大的挑战，需要精确的导航、减速和着陆技术。火星大气主要是二氧化碳，需要有效的氧气生成和循环系统，以及生产人类生活所需的水、食物等，以维持居住的环境。此外，还需要具备从火星表面起飞并返回地球的能力。虽然，移民火星还面临着许多难题，但正所谓，路虽远行则将至，事虽难做则必成。相信，在人类共同的努力下，移民火星的路将不再遥远。

《你好！火星》

86　太空科技发展方向是什么？

　　太空科技发展方向具有多元化，可从进入太空、利用太空、太空安全三方面进行分类。进入太空的科技发展主要集中在运载器设计制造与发射上，包括智能航天器设计、轻量化模块化设计与加工、低成本可重复使用火箭、新型混合推进等发展方向。利用太空的科技发展主要涉及对太空资源的开发与利用上，包括月球及小行星资源开发、太空能源利用、星际旅行探索、空间科学实验等发展方向。太空安全的科技发展主要是对太空环境的监测与管理，包括空间监测与跟踪、太空资产防护、空间碎片清理、深空高效通信、太空交通管理等发展方向。

深空资源有何战略价值？

深空资源具有重大战略价值。深空可提供氦–3、太阳能等能源供应，具有稀有金属（如铂、金、稀土元素等）、水冰等物质资源，可保障高科技产业、装备和新能源等领域原材料供应。深空资源的开发有助于推动技术创新、促进多学科融合，提升整体科技水平和国际竞争力。深空资源开发可催生新产业链，促进经济多元发展，增强国家经济韧性。开发深空资源可减轻地球资源压力，促进可持续发展。

未来月球村建设面临哪些安全问题？

建设月球村的目的不仅是为了科学研究，还包括旅游、采矿、艺术等多种活动。但是，要在月球上建立一个基地并不是一件容易的事情。月球的环境和地球有很大的不同，给建设和运营带来了很多挑战。未来月球村建设将面临极端温度、强太空辐射、微流星体撞击、弱重力环境、月震、物质供应链和物流、基础设施可靠性与可持续性、技术故障和应急响应等诸多安全问题。要在月球上建设和运营一个基地，就需要有创新的思维和技术作支撑。

中国科学家设计的月球基地"月壶尊"概念图

《国家空间科学中长期发展规划（2024—2050 年）》主要内容有哪些？

　　2024 年 10 月 15 日，国务院新闻办公室举行新闻发布会，中国科学院、国家航天局、中国载人航天工程办公室联合发布了《国家空间科学中长期发展规划（2024—2050 年）》（简称《规划》），明确了我国空间科学发展的目标，提出了我国有望取得突破的"极端宇宙""时空涟漪""日地全景""宜居行星"和"太空格物"5 大科学主题，以及暗物质与极端宇宙、宇宙起源与演化、宇宙重子物质探测等 17 个优先发展方向，规划了现阶段至 2050 年我国空间科学发展路线图。《规划》是中国空间科学领域的首份国家层面统一的中长期发展规划，其将作为当前和今后一个

《国家空间科学中长期发展规划（2024—2050年）》

时期指导我国空间科学任务部署、开展空间科学研究的重要依据。

篇六

深度参与国际外空治理

如何推进构建外空领域人类命运共同体？

探索宇宙奥秘、利用外层空间，是全人类的共同梦想。仰望星空、不懈探索，携手共进方能行稳致远。2017 年，我国首次在联合国大会外空安全相关决议中写入在外空领域构建人类命运共同体理念，该决议连续多年获得高票通过。面向未来，在建设航天强国新征程上，中国将坚持独立自主与开放合作相结合，深化高水平国际交流与合作，拓展航天技术和产品的全球公共服务，积极参与解决人类面临的重大挑战，助力联合国 2030 年可持续发展议程目标实现，在外空领域推动构建人类命运共同体。

▶ 延伸阅读

　　人类命运共同体旨在追求本国利益时兼顾他国合理关切，在谋求本国发展中促进各国共同发展。人类只有一个地球，各国共处一个世界，要倡导人类命运共同体理念。人类命运共同体这一全球价值观包含相互依存的国际权力观、共同利益观、可持续发展观和全球治理观。

《构建人类命运共同体》第一集　思想力量

91 我国太空安全治理理念是什么？

　　总体国家安全观是我国太空安全建设与太空治理的基本遵循，以其独特的共同安全、综合安全、合作安全、可持续安全的国际安全理念，为推动太空安全治理构建提供了重要指导。我国一贯强调和则共赢、合则同安，以协商化解矛盾，以合作谋求稳定，推动太空领域国际合作朝着构建人类命运共同体的方向发展，在总体国家安全观的引领下走出了一条中国特色太空安全与治理道路，维护一个和平、清洁的外层空间，使航天活动造福全人类。

 我国为维护太空安全作出了哪些重要贡献？

　　我国一向坚持和平利用太空，在多个方面尽最大努力维护太空安全。在宏观政策方面，我国坚持总体国家安全观，将太空安全纳入国家总体安全体系，强调太空安全在国家安全中的重要性，明确了太空安全地位。在航天探索和航天科技方面，我国历来高度重视航天探索和航天科技创新，愿加强同国际社会的合作，和平开发和利用太空，让航天探索和航天科技成果为创造人类更加美好的未来贡献力量。在国际合作方面，我国积极参与国际太空合作，支持月球土壤分享、开放空间站，与热爱和平的国家分享技术、共享成果。在太空安全治理方面，我国一贯致力于和平利用外空，反对外空武器化和军备竞赛，积极推动国际社会谈判达成太空军控国际法律文书。

93 中俄外空军控倡议是什么？

我国与俄罗斯于 2008 年共同向裁军谈判会议提交"防止在外空放置武器、对外空物体使用或威胁使用武力条约"（PPWT）草案，并于 2014 年提交更新案文。草案重申探索利用外空在人类发展中的重要作用，致力于防止外空成为放置武器的新领域，重申严格遵守与外空活动相关的多边协议的重要性，指出现有外空相关的国际协议及法律制度不能充分防止在外空放置武器。草案以法律形式规定了"外空""外空物体""在外空的武器""放置在外空""使用武力""威胁使用武力"等概念，禁止在外空放置任何武器，禁止对缔约国外空物体使用武力或以武力相威胁，并就条约的执行、监督、磋商等作出规定。

116

"防止在外空放置武器、对外空物体使用
或威胁使用武力条约"草案

 外空治理涉及哪些国际机构和
国际条约?

　　联合国是外空全球治理的主要平台,主要在联合
国大会第一委员会、联合国大会第四委员会、联合国
和平利用外层空间委员会等场合讨论有关问题。现有
外空治理五个国际条约分别是:《关于各国探索和利
用包括月球与其他天体在内外层空间活动的原则条
约》(简称《外空条约》,1967 年)、《关于营救宇航员、
送回宇航员和归还射入外层空间的物体的协定》(简
称《营救协定》, 1968 年)、《空间物体所造成损害的
国际责任公约》(简称《责任公约》, 1972 年)、《关
于登记射入外层空间物体的公约》(简称《登记公约》,
1976 年)、《关于各国在月球和其他天体上活动的协
定》(简称《月球协定》, 1979 年)。

> ❯ 延伸阅读

　　除联合国大会和联合国和平利用外层空间委员会外，其他国际组织也成为兼顾多方开发利用太空权益、达成合作共识的平台。例如，国际电信联盟在调整无线电频率和轨道资源分配，机构间空间碎片协调委员会在协调空间碎片政策及技术性法规，裁军谈判会议在防止外空武器竞赛和核军备竞赛等方面，为促进太空的和平开发利用和长期可持续发展，集全球之力来解决全球问题，都发挥着重要的作用。

95 我国参加了哪些外空治理相关国际条约？

　　我国坚持多边主义，尊重和维护国际法，支持联合国发挥主平台作用，维护以《外空条约》为基石的外空国际秩序。我国于 1983 年加入了《外空条约》，1988 年加入了《营救协定》《责任公约》《登记公约》。

96 联合国外空委有哪些职能？

为了实现探索和利用外层空间的科学及和平目的，联合国于 1959 年成立了联合国和平利用外层空间委员会（简称"外空委"），其主要职能包括：制定和平利用外空的原则和规章，促进各国在和平利用外空领域的合作，研究与探索和利用外空有关的科技问题和可能产生的法律问题。下设科学技术小组委员会和法律小组委员会，由外空委全体成员国组成。科技小组委员会主要审议和研究与探索及和平利用外空有关的科技问题，促进空间技术的国际合作和应用问题；法律小组委员会主要审议和研究和平利用外空活动中产生的法律问题，拟订有关的法律文件和公约草案。外空委员会主要审议两个小组委员会的工作报告及不由小组委员会审议的一般性外空问题，就委员会的工作作出决定，并向联合国大会提出报告和建议。

联合国框架内当前有哪些外空 治理议题？

外空治理议题主要分为外空军控、和平利用外空两大领域。外空军控领域议题主要包括防止外空军备竞赛；不首先在外空部署武器；防止外空军备竞赛的进一步切实措施；通过负责任行为准则、规定和原则减少外空威胁。和平利用外空领域主要包括空间碎片、太空交通管理、太空资源开发利用、宁静与黑暗天空、太空核动力源、太空活动长期可持续性指南等议题。

国际太空治理的难点有哪些？

太空是人类活动的新兴领域，随着太空活动的迅猛发展，国际社会对加强太空治理的需求日益迫切。

但人类太空活动的历史还相对比较短暂，各国空间技术发展还不平衡，各国对本国在太空发展中的利益诉求还不一致，这些都导致当前太空治理难以在协商一致的情况下推进发展。

 ### 国际外空军备控制的进展如何？

国际外空军控起源于 20 世纪空间技术的发展和美苏冷战核恐怖对峙，从早期的"太空禁核"逐渐演变为当前的"太空禁武"，主要目的在于增强国家安全或国际安全。受国际地缘政治、能力发展水平不一等因素影响，各国围绕外空军控治理路径以及定义、核查等技术问题存在不同看法，斗争激烈。外空是全人类的共同财富，与人类可持续发展息息相关，维护外空持久和平和各国平等发展权益是国际社会共同诉求，应加强团结合作，共同应对外空安全挑战，以国际法为基础切实推动外空军控进程，积极达成防止外

空军备竞赛的国际法律文书。

100 我国对于外空军备控制的立场是什么？

外层空间是全人类的共同财富。当前，外空安全面临严峻挑战。个别国家奉行进攻性外空政策，大搞外空军事同盟，利用商业航天介入他国武装冲突，推升外空战场化和军备竞赛势头。这不符合世界各国的利益。现有关于外空的国际法律文书不足以有效解决这些问题。我国一贯主张和平利用外空，反对外空军备竞赛，与俄罗斯共同提交了"防止在外空放置武器、对外空物体使用或威胁使用武力条约"草案，并于 2017 年和 2022 年推动联合国成立两届"防止外空军备竞赛"政府专家组，为讨论制定外空军控法律文

《中国的军控、裁军与防扩散努力》

书作出实质性贡献。国际社会应采取有效措施，争取早日谈判达成相关国际法律文书，为防止外空军备竞赛提供根本保障。

二维码索引

后　记

太空安全是国家安全的重要组成部分。党的十八大以来，以习近平同志为核心的党中央准确把握国际形势深刻变化，高瞻远瞩、统筹谋划，将太空安全纳入总体国家安全体系，作出一系列新论断，提出一系列新理念新思想，为太空安全工作和航天事业高质量发展指明了前进方向，提供了根本遵循。为深入学习总体国家安全观，帮助广大群众科学理性认知、主动参与维护国家太空安全，中央有关部门组织编写了本书。

本书编写工作在编委会的组织指导下，由航天工程大学太空安全研究中心具体承担，编写人员主要有丰松江、刘翔宇、冯书兴、何苗、张占月、王鹏、薛武、陈凌云、郭静、夏鲁瑞、刘珺、任昊利、王勇平、石云飞、姜荣、丑述仁、温维刚、李树清、程子俊、王晓艳、王谦、朱蓓、陈宁、何伟、王田田、任蕾、谢家豪、徐升、刘轶、李森、郑维伟、张文静、韩碧舟、王晋明、陈雪旗、刘甜甜、张河苇、朱敏等。本书编写过程中，相关军地单位、专家学者以及人民出版社给予了大力支持，在此一并表示衷心感谢。

书中如有疏漏和不足之处，还请广大读者提出宝贵意见。

编　者

2025 年 4 月

责任编辑：郑　治

责任校对：任　校

图书在版编目（CIP）数据

国家太空安全知识百问 ／ 《国家太空安全知识百问》编写组著 . -- 北京 ：人民出版社，2025. 4.

ISBN 978 - 7 - 01 - 027234 - 4

Ⅰ. V11 - 44

中国国家版本馆 CIP 数据核字第 2025U3L140 号

国家太空安全知识百问

GUOJIA TAIKONG ANQUAN ZHISHI BAIWEN

本书编写组

人 民 出 版 社 出版发行

（100706　北京市东城区隆福寺街 99 号）

北京尚唐印刷包装有限公司印刷　新华书店经销

2025 年 4 月第 1 版　2025 年 4 月北京第 1 次印刷

开本：880 毫米 × 1230 毫米 1/32　印张：4.625

字数：65 千字

ISBN 978 - 7 - 01 - 027234 - 4　定价：24.00 元

邮购地址 100706　北京市东城区隆福寺街 99 号

人民东方图书销售中心　电话（010）65250042　65289539